童眼看

U0223183

地球就是我们的家，可是，你对它有多少了解呢？

不如和我们开始一趟神奇的地球之旅吧！

一起穿越沙舞石飞的大漠，挑战险象环生的森林，

征服奇绝的岛屿和山脉，以及最神秘的海洋和江河，

你会看到一个多姿多彩的可爱星球……

EARTH · FILES
RIVERS & LAKES
地球的秘密档案

小宇带你穿越

百变江河

—— 从尼罗河到红树林沼泽地

[英]克里斯·奥克雷德　著

朱润萍　吕志新　译

山西出版传媒集团

北岳文艺出版社

BEIYUE LITERATURE & ART PUBLISHING HOUSE

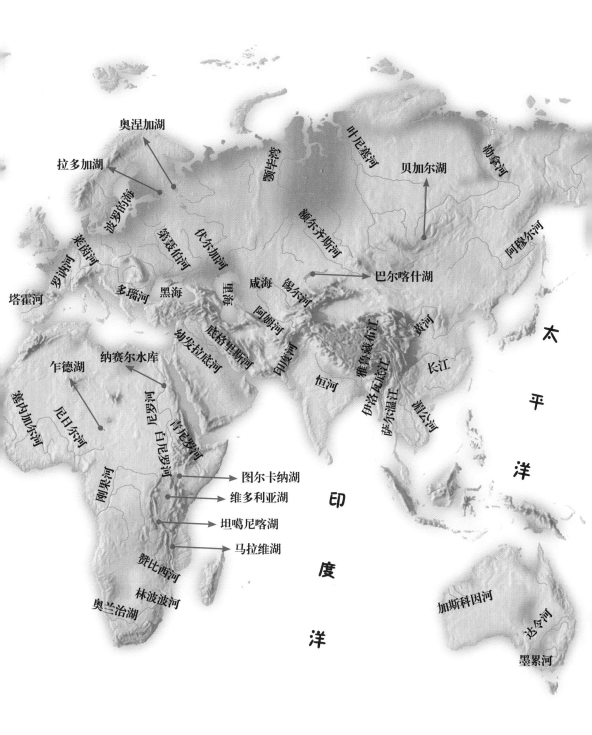

奥涅加湖

拉多加湖

奥布湾

叶尼塞河

勒拿河

贝加尔湖

波罗的海

莱茵河

维斯杜拉河

伏尔加河

额尔齐斯河

阿穆尔河

塔霍河

罗讷河

多瑙河

黑海

里海

咸海

锡尔河

巴尔喀什湖

太

平

阿姆河

黄河

幼发拉底河

底格里斯河

印度河

雅鲁藏布江

长江

洋

乍德湖

纳赛尔水库

尼罗河

白尼罗河

青尼罗河

恒河

伊洛瓦底江

萨尔温江

湄公河

塞内加尔河

尼日尔河

刚果河

图尔卡纳湖

维多利亚湖

印

度

坦噶尼喀湖

马拉维湖

加斯科因河

达令河

赞比西河

林波波河

奥兰治湖

洋

墨累河

导语

准确地说，我们的地球应该叫水球，因为地球表面 2/3 以上由水覆盖。但这庞大的水量仅有 1% 会流入世界各地的河流、湖泊等。当河流经过地表时，会形成不同的地貌，在一些地方形成深邃的峡谷和壮观的瀑布，而在另外一些地方则可能形成广阔的平原和大型三角洲。

▶尼亚加拉河的水顺着加拿大与美国交界处的尼亚加拉瀑布飞流直下 50 多米。

河流给贫瘠的沙漠送去水源，给地球上的生物提供栖息地，人类的生产和生活也离不开它们。江河湖泊中鲜为人知又稀奇古怪的真相可谓不胜枚举，快快翻开这本书吧，让地球小精灵带你一起穿越百变江河！

◀ 以生长在湖畔的植物为食的麋鹿，有着细长的四肢，这使得它们可以在水边行走和吃草。

◀ 印度恒河对印度教徒来说是非常神圣的。左图显示的是印度朝圣者在恒河里浸浴。

Contents

目录

1

河流从哪里来

浩浩在自家阳台上摇头晃脑地背着李白的诗："君不见，黄河之水天上来……"背着背着就开始犯嘀咕了，河流的水是从哪儿来的呢？他挠挠头皮想了许久，还是没想出个所以然来。

　　不知道什么时候，一个圆滚滚的太空飞船轻轻地落在了他的身边。接着，一个超酷的全身太空装束的男孩子朝他挥了挥手："嗨，浩浩，我是地球小精灵，你可以叫我小宇。看你这么爱思考，让我带你一起探险太空吧，你可以找到你想要的答案。"

　　浩浩最喜欢探险了，他二话没说就跳上了飞船。

　　他俩飞过了一片汪洋大海，穿越了白茫茫的雪地和高耸入云的冰川。浩浩心领神会地说："水是从海洋里来的，冰雪也会化成水。"

　　小宇满意地点点头。

　　他们在五大洲上方继续飞行。小宇告诉浩浩，下面陆地上亮晶晶的白点和一条条带子状的分别是湖泊和河流。海洋、冰川、地下水是它们的来源。

　　浩浩高兴得手舞足蹈，大声喊道："我终于知道水是从哪里来的了！"

　　小朋友，你知道吗？世界上几乎每个国家都有河流，也就是说，河流是无处不在的呢。但是，河流是从哪里来的呢？让小宇来告诉你吧。有的河流以高山流水为源头，然后顺势而下，流经平原，最后奔流入海；而有的河流，与海洋是不相通的，湖泊是它们最终的归宿。

 ## 什么是流域

　　河流从发源地流向海洋，起初很多河流都是支流。这些支流在奔向大海前会并到大的河流中。流域指的是一个水系的干流和支流所流过的整个地区，如长江流域、黄河流域、亚马孙河流域。

▼ 亚马孙河有1000多条支流。这些支流和干流所流过的整个地区，即亚马孙河流域，在世界河流流域面积中位居第一，几乎覆盖了整个南美洲面积的一半。

水是怎样循环的

　　水总是在海洋、大气和陆地间循环。在循环的过程中，它会经历从液态水到气态水，再到液态水的过程，这个过程称为水循环。河流是水循环的重要载体，它们将陆地水资源带回到海洋中。

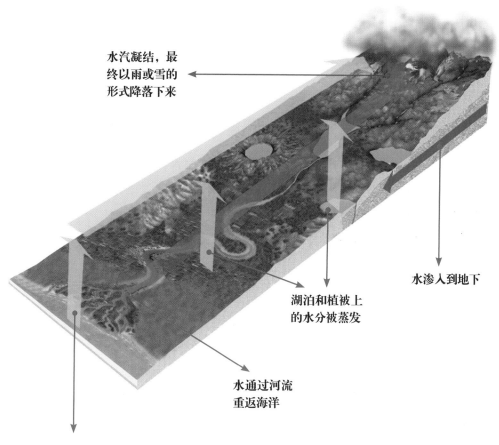

水汽凝结，最终以雨或雪的形式降落下来

水渗入到地下

湖泊和植被上的水分被蒸发

水通过河流重返海洋

太阳照射蒸发海水

英语角

circulate ['sɜːkjəleɪt] v.（使）循环

process [prə'ses] n. 过程

2

"少年期" 的河流

浩浩刚知道了河流的水是从哪里来的，又迫不及待地央求小宇："小宇，你带我到河流的发源地去看看吧。"

　　小宇说："没问题！"他们的太空飞船立刻变成了一只大鸟，浩浩又兴奋地欢呼起来。

　　大鸟顺着山脚飞到了山顶，山顶有很多冰川和雪，融化成了许多溪流，溪水清澈而透明。

　　浩浩忍不住捧起溪水"咕咚咕咚"地喝起来，"真是太甜了，比我最爱的饮料还好喝呢。"

　　这里有山有水，风景优美极了。浩浩陶醉其中，小宇说："这还不算漂亮呢！我带你去一个有意思的地方吧。"

　　大鸟直直地飞上了天空，飞着飞着，浩浩尖叫着说："哎呀！你看，地球上面怎么裂了一道那么长的口子啊！"

　　"它是世界上最长的东非大裂谷，有6000多千米长呢！"

　　大鸟背着他俩在大峡谷中飞行，峡谷两侧景色壮观无比，浩浩高兴地四处张望，不停地赞美着："天哪！真是太神奇了！"

你知道了河流的水从哪里来，那么，河流的源头在哪里呢？河流的发源地，可能是丘陵，可能是高山，也可能是冰川、湖泊。一条小河从发源地开始，越过山谷，流过平原，最后汇入大海或湖泊。地理学家根据水文和河谷地形特征，将每一条河流分为上、中、下游三段，或者称其为"新支""中支"和"老支"。"新支"就是我们说的"少年期"的河流哦。

没有水的河流

大多数河流整年都在流动，但也有些河流只在冬天或雨季流动。甚至还有一些被称作瞬息河流或暂时性河流，只在偶尔出现暴风雨后流动；而在其他时间，它们的河床是干涸的，或者只有一小滩浅水。

我以前总以为，一定要有很多很多的水才能称之为河流呢！

▲ 暂时性河流的河床

什么是江河的源头

　　江河起始的地方称为源头。很多江河的发源地为雨水集聚的高地。细流汩汩，顺山而下，汇合更多的水流就形成了溪流。一些溪流汇集在一起形成一条小河，迅速流下山。也有些江河发源于地下水上升到地表的地方，或者冰川融化的地方，还有的发源于高山湖泊。

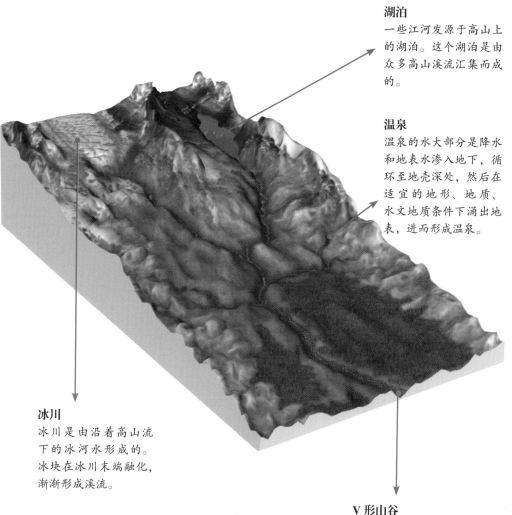

湖泊
一些江河发源于高山上的湖泊。这个湖泊是由众多高山溪流汇集而成的。

温泉
温泉的水大部分是降水和地表水渗入地下，循环至地壳深处，然后在适宜的地形、地质、水文地质条件下涌出地表，进而形成温泉。

冰川
冰川是由沿着高山流下的冰河水形成的。冰块在冰川末端融化，渐渐形成溪流。

V 形山谷
刚形成的河流（新河）迅速沿山流下，形成 V 形山谷。

水流湍急的江河

新河沿着丘陵或高山流下。斜坡陡峭，河流湍急，形成急流和瀑布。风化形成的岩石碎片被溪流冲入江河。这些碎片从小石子到鹅卵石，大小形状都不一样。

> 世界上没有完全相同的两片叶子，也没有完全相同的两个鹅卵石。

▲ 尼亚加拉瀑布

英语角 ABC

rush [rʌʃ] v. 冲

surge [sɜːdʒ] v. 汹涌

山谷是怎样形成的

　　湍急的河流携带着岩石碎片向前奔流。小颗粒的岩石被漩涡状水流带走，而大石块则撞击着河床。河流切入基岩，日复一日地慢慢腐蚀，形成陡峭的 V 形山谷。

▲ 也门南部的卫星图。清晰地显示出溪流和新河是如何汇集在一起的。

▲ 美国怀俄明州黄石河切割岩石形成 V 形山谷。

3

优哉游哉的河流

飞出大峡谷后，小宇和浩浩来到了一块平地，这里有着大片的水和一片片的绿草，动物在跑，鸟儿在飞，好不热闹。

　　小宇说："这里是世界上最大的湿地潘塔纳尔湿地，有3000多种植物，600多种鸟类，400多种鱼类哦。"

　　"哇，那岂不是相当于一个庞大的动植物园啊！"

　　浩浩好奇地走进了水边的丛林里，不知名的树和植物到处都是，眼睛都看不过来了。

　　突然，他惊叫起来："小宇，大鸟大侠，快来看呀，这么漂亮的蓝色鹦鹉！"

　　"快救救我们吧！人类偷偷地捕猎，把我们拿到黑市上去卖！我的爸爸妈妈都被抓走了！"那只蓝色鹦鹉竟然"嘤嘤"地哭了起来。

　　"啊！"浩浩没想到它会说话，吓得差点趴在地上。

　　小宇走过来，叹着气说："唉，可怜的动物们，被人类捕杀得都快灭绝了。"

　　浩浩的心情也跟着沉重起来……

　　我们知道，高山是江河的发源地之一。江河离开高山后，它们不会停止流淌。进入中间阶段，也就是河流中游后，通常，地势不再那么陡峭了，水流也渐渐相对平缓，它们优哉游哉地前行。由于前行的过程中有其他一些支流的加入，它们拥有更多的水量，不再是涓涓细流。

"成年期"的河流

　　"成年期"的河流指的是河流中游，即中支。它们沿着宽阔的河谷流动，两岸是冲积平原。在低平的区域，河流会铺展开来，形成沼泽地或湿地。

▲ 潘塔纳尔湿地是世界上最大的湿地，地势平坦而略微有所倾斜，有着众多曲折的河流。

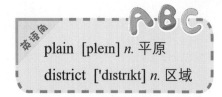

plain [pleɪn] *n.* 平原

district ['dɪstrɪkt] *n.* 区域

 ## 曲流如何造就牛轭湖

当河流流经弯道时，河流外侧水流移动快，内侧水流移动慢。湍急的外侧水流侵蚀、冲击外岸，而沙子和淤泥在缓慢流动的内侧沉积下来。渐渐地，弯道变宽，形成曲流。当洪水暴发时，汹涌的河流会径直切断弯曲的河道，发生裁弯取直，开辟出一条较直的新河道。原来弯曲的旧河道被废弃，形成了牛轭湖。

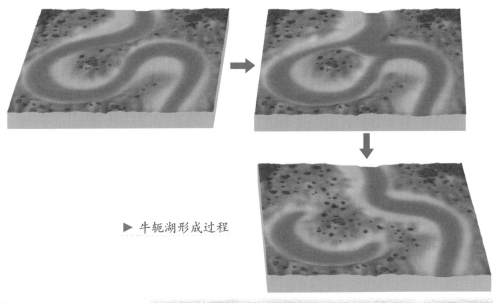

▶ 牛轭湖形成过程

▼ 委内瑞拉的牛轭湖

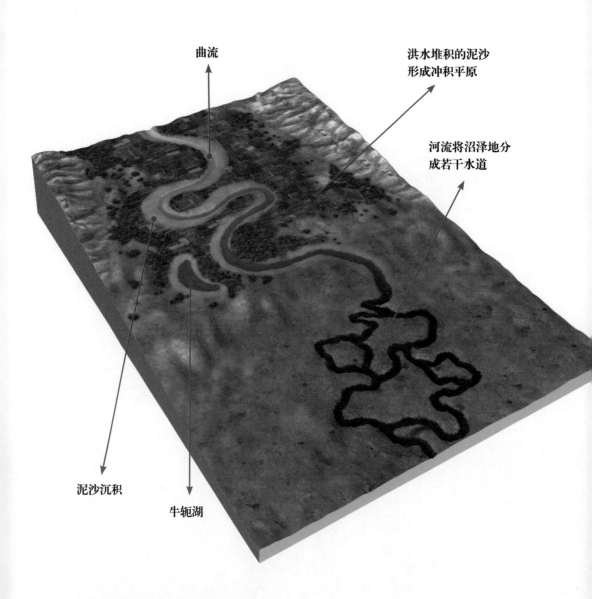

曲流

洪水堆积的泥沙
形成冲积平原

河流将沼泽地分
成若干水道

泥沙沉积

牛轭湖

英语角

ABC

bow [baʊ] *n.* 弓

flood [flʌd] *n.* 洪水

什么是沼泽地

沼泽地长期受积水浸泡，河水大都较浅，水草茂密，是许多珍稀物种的栖息地。位于美国佛罗里达州的沼泽地，是绵延几百千米的大型沼泽地。

> 我知道，美国佛罗里达州沼泽地是一个大型的动植物王国！

▼ 美国佛罗里达州沼泽地

swamp [swɒmp] *n.* 沼泽

carry ['kærɪ] *v.* 携带

冲积平原是怎样形成的

　　由于流动速度慢，"成年期"的河流无法携带大块岩石碎片，但可以携带大量沉积物，如沙子、淤泥和黏土等。当河水泛滥成洪灾时，水流流过平坦的冲积平原，泥沙沉淀堆积起来，形成沉积层。这种由河流带来的新的携带物会定期沉积，使得冲积平原成为一块适合耕作的沃土。

▲ 平坦而肥沃的冲积平原

你知道中国第二长河吗

黄河是中国第二长河，以其特有的黄土使得河流变成黄色而著称。河流冲击土壤层时携带部分黄土，随着河流缓缓流动，黄土变成淤泥被留在下流溪水中。

原来黄河的水是黄色的，怪不得叫黄河呢！

▼ 黄河

奔流入海

浩浩闷闷不乐，一路上都在埋怨那些残害鹦鹉的坏人。忽然，大鸟变成了扫把，浩浩"咯咯"地笑了起来，感觉像哈利·波特的魔法扫把。

　　他俩坐着扫把，顺着河流的方向继续飞，很快就到了河流与大海交汇的地方。

　　浩浩说："小宇，这就是河流的下游吧。"小宇点点头。

　　一眼望去，这里有很多高楼大厦和形形色色的人们……

　　小宇解释说："这是建立在三角洲上的城市。"

　　浩浩眼前一亮，又看到新鲜事儿了。

　　"小宇，河边上长长的挡住了河水的东西是什么？"

　　"那是英国的泰晤士河防洪闸，这里经常洪水泛滥，给人类带来了不少灾害。"

　　"哇，小宇，你怎么什么都知道啊，你的大脑就是一本百科全书嘛！"浩浩用无限崇拜的眼神看着小宇。

　　"因为我是地球小宇啊，地球上的所有东西我都了解。"小宇自豪地说。

小朋友，前面我们讲了河流的发源地、河流的中游。你知道吗？在河流的下游，江河会迫不及待地奔向广阔的海洋哦，而流入海洋的地方就叫入海河口。在这里，河流的淡水与含盐量较多的海水相遇，海水从底部顶托河水，掀起高高的海浪。

河口在哪儿

河流末段与受水体（这里主要指海洋）相结合的地段称为河口。河流缓缓流下，将其一路携带的沙子、淤泥和黏土留在这里，形成泥滩。

▲ 黄河入海口

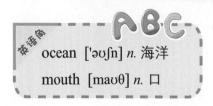

ocean ['əʊʃn] n. 海洋

mouth [maʊθ] n. 口

奔流入海都会形成河口吗

江河流向海洋时并不总是形成河口。加拿大的马更些河在流向海岸时，由于许多小型水道流经低平的冻土地带而形成了三角洲。

▲ 马更些河河流全长 4240 千米。

马更些河是加拿大第一长河哦！

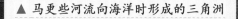

▲ 马更些河流向海洋时形成的三角洲

 ## 流入沙漠的河流

并不是所有江河都流向海洋。奥卡万戈河沿着纳米比亚和北边邻国安哥拉的国界，流入了卡拉哈里沙漠，并形成沼泽地，被称为奥卡万戈三角洲。

 ## 防洪闸的作用是什么

在汛期，河水上涨的时候，靠近潮汐河段的部分低地会遭受洪水冲击。这时就可以关闭泰晤士河的防洪闸，以保护伦敦的低地部分免受洪水威胁。

▲ 奥卡万戈三角洲

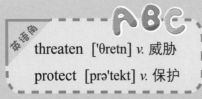

threaten ['θretn] *v.* 威胁

protect [prə'tekt] *v.* 保护

▲ 泰晤士河的防洪闸

三角洲是怎么形成的

在奔流入海的地方，即入海口处，河水一路携带的沙子、淤泥和黏土等杂质会堆积在这里。沉积物逐渐形成河口岸边扇形的新的土地，被称为三角洲。

三角洲长得真像把扇子啊！

冲积平原
平坦的海岸平原，通常因河水流过留下沉积物而形成。

三角洲岛上的农业
三角洲是种植庄稼的沃土，但洪水频发使这里的耕作变得特别危险。

三角洲
洪水暴发期间，随着土地被侵蚀和重建，河道随之改变。

如何利用河口和三角洲

很多城镇建立在河口和三角洲附近。河口能够保护土地免受海洋暴风雨的影响。冲积平原和三角洲覆盖着一层由洪水定期带来的富含矿物质的沉积物，这为种植庄稼提供了富含营养的肥沃土壤。

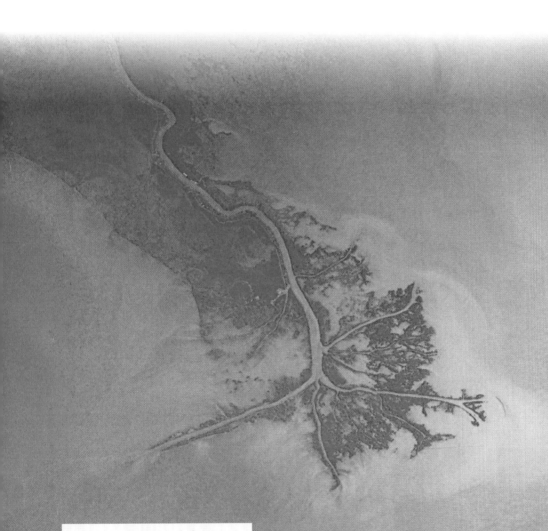

▲ 从卫星云图上看密西西比河三角洲。沉积物在墨西哥湾形成新土地，其形状就像是只大鸟的脚印。这种三角洲因此被称为"鸟爪形三角洲"。

英语角 **ABC**

fecund ['fi:kənd] *adj.* 肥沃的

storm [stɔ:m] *n.* 暴风雨

S

最长的河流

飞过泰晤士河，小宇又兴冲冲地说要带浩浩去看世界上最长的河流。

　　浩浩还没来得及思考，他俩就飞到了非洲大陆上空。只见一条长长的水带蜿蜒延伸，有整个非洲的 1/10 那么长。

　　小宇说："瞧，那就是尼罗河，是世界上最长的河流哦。"

　　"哇！可是，你看，那里有黄黄的一大片呢！那是沙漠吗？只有河流的两边有绿色哩！"

　　"你说得对极了，别的地方都是沙漠，只有尼罗河两岸才可以种植庄稼，那里的人可都指望着尼罗河的水呢。大家都叫它'绿色沙漠'，埃及人称尼罗河就是他们的母亲。"

　　浩浩连连点头，心想："尼罗河真是伟大啊！"

　　浩浩还看到很多人在河里捕鱼，还有许多非常漂亮的白色帆船。

　　小宇说："那个帆船叫'费卢卡'，很多游客乘着它在尼罗河上漂游，非常浪漫。尼罗河还是旅游胜地呢。"

三角洲上的两大城市

尼罗河三角洲从尼罗河谷地伸展出来，宽 250 千米。埃及的两大城市——开罗和亚历山大港都建在这个三角洲上。

▲ 农作物能够在尼罗河与贫瘠的沙漠间的狭长土地上生长，得益于尼罗河河水的灌溉。

▲ 尼罗河三角洲

英语角

mother ['mʌðə] n. 母亲

capital ['kæpɪtl] n. 首都

29

 # 两大支流

尼罗河有两大支流，即青尼罗河和白尼罗河，其中白尼罗河相对更长一些。两条支流都起源于非洲的高山多雨的地区。它们在苏丹的喀土穆汇集，流过干燥的努比亚沙漠，然后在尼罗河三角洲汇入地中海。

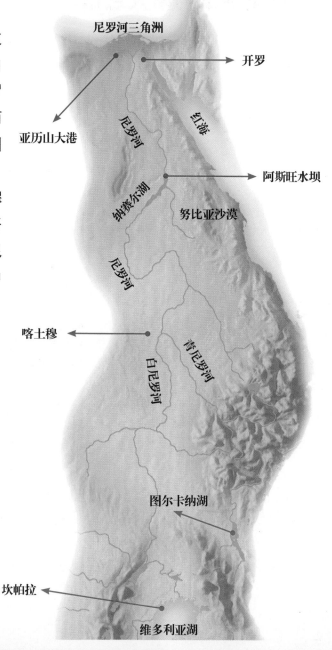

尼罗河三角洲

开罗

亚历山大港

尼罗河

红海

纳赛尔湖

阿斯旺水坝

努比亚沙漠

尼罗河

喀土穆

青尼罗河

白尼罗河

图尔卡纳湖

坎帕拉

▼ 图中显示的是古埃及人在尼罗河上捕鱼。

维多利亚湖

阿斯旺巨型水坝

　　于1971年竣工的阿斯旺巨型水坝，将尼罗河拦腰截断，形成纳赛尔湖。纳赛尔湖的水可用来灌溉庄稼和水力发电等。不幸的是，因为大坝阻止了肥沃的泥沙抵达下游的庄稼地，已引发了众多问题。

▲ 当地农民使用一种古老的机器——阿基米德螺旋泵将河水引入灌溉渠。

▲ 埃及纳赛尔湖

6

什么是湖泊

小宇说："看了那么多的河流，我们去瞧瞧好玩的湖泊吧。"

浩浩当然举双手赞成了，他相信小宇要带他去的地方一定是世界上最神奇最好玩的。

才一会儿工夫，他俩就来到了一个湖泊边。

"快看！小宇博士，那些人的游泳技术真高啊！还可以躺在水上看书！"浩浩又惊又喜地欢呼着。

小宇乐呵呵地说："你也可以啊，还可以在水上睡觉呢！"

浩浩一脸的怀疑，小宇却调皮地趁浩浩不注意，一下子把他推了下去。

浩浩一时慌了神，大喊"救命"，他惶恐地想着："这下肯定没命了。咦？怎么回事？竟然在水上漂着。"一股巨大的力量托着他，想沉下去都不行。

小宇也跳了下来，躺在他身边说："这个湖叫死海，浮力特别大，任何人掉到这里都不会被淹死的哦！"

啊！虚惊一场，这湖太神奇了！

我们知道湖泊是由溪流、河流和雨水汇集，在陆地表面形成积水，进而形成的比较宽广的水域。湖泊的种类可不单一，有小型淡水湖、大型咸水内陆海等。湖泊和江河是互帮互助的关系哦，一些江河源自湖泊，也有一些江河会流入湖泊中。

 ## 湖泊的类型

许多湖泊是由于地貌的自然凹陷而形成的。还有一些湖泊是由于岩石运动形成凹陷地段，比如在东非大裂谷地区，大量巨大的块状岩石下陷后，低于周围的陆地，凹陷的地方逐渐蓄水，形成构造湖。火山喷发后会留下巨大的火山口，火山口内积水而形成火山口湖。冰河融化时会因为冰川侵蚀而形成围椅

▲ 威尔士高山的冰斗湖。冰斗湖是一种小型高山湖，通常呈现冰斗状。

状洼地，融化了的水储存下来形成冰川湖。由于河道被泥石流、冰块或岩石块淤塞，会在河道上形成河成湖。

▼ 东非大裂谷中的曼雅拉湖以湖中粉红色的火烈鸟而著名。

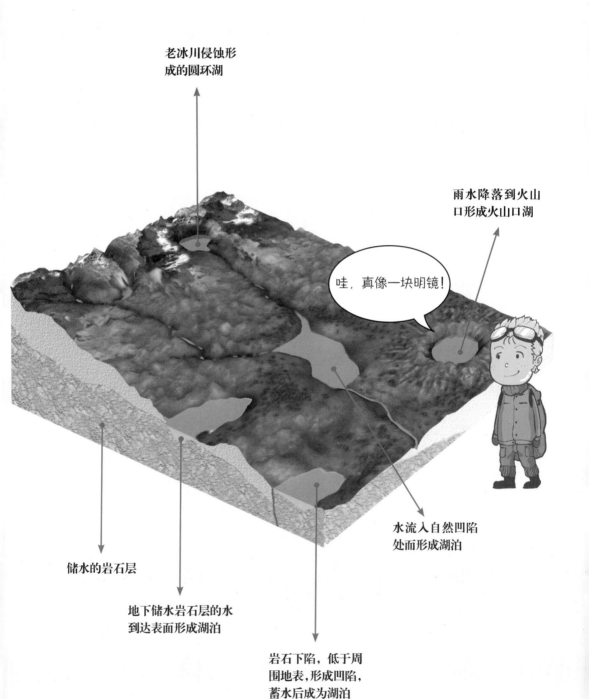

老冰川侵蚀形成的圆环湖

雨水降落到火山口形成火山口湖

哇，真像一块明镜！

储水的岩石层

地下储水岩石层的水到达表面形成湖泊

岩石下陷，低于周围地表，形成凹陷，蓄水后成为湖泊

水流入自然凹陷处而形成湖泊

 ## 内陆海

一些大型湖泊是咸水湖，而非淡水湖，它们也被称为内陆海，虽然它们没有和海洋相连。世界上最大的内陆海是里海，面积有 37.1 万平方千米。

 ## 死海不死

死海是位于巴勒斯坦和约旦之间的咸水湖，其湖水盐度是其他海洋海水盐度的 8.6 倍。因为水太咸，导致没有生物能在这里生存，甚至连沿岸陆地上也很少有生物，因此被称为死海。由于死海水含盐量多、密度大，使得不会游泳的人们掉入海里，也不会被淹死。在死海中，人们不需要游泳就可轻松浮在水面上。

▼ 在死海上漂浮

▲ 里海是世界上最大的咸水湖。

英语角 ABC

Australia [ɒˈstreɪliə] n. 澳大利亚

disappear [dɪsəˈpɪə] v. 消失

季节性湖泊

　　澳大利亚新南威尔士州的咸水湖在雨后形成，随后因水分蒸发而很快消失，被称为季节性湖泊。

咸水湖

　　当水溶解湖床底部的石盐时，便形成咸水湖。咸水湖有时会在沙漠中形成，尤其是在罕见的降雨过后。当湖水在阳光下蒸发后，会形成大块盐田。

▼ 新南威尔士州的咸水湖

峡谷、洞穴和瀑布

一路上，浩浩都忙不迭地夸赞死海是他见过的最好玩儿的海了，小宇灵机一动，说："我们去峡谷漂流吧！"

"漂流？好啊！爸爸常带我去漂流呢！"

他俩来到了美国的科罗拉多大峡谷，两岸岩石林立，绿树环抱；中间水流湍急，险象环生。

他们的魔法扫把变成了橡皮艇，飞进了水中，顺着水流飞快地向前冲去。

浩浩眼前只看到白花花的水，听到震耳欲聋的水声，这一切都让他心惊肉跳。真是太刺激了，比和爸爸漂流惊险一千倍！

他紧紧地抓住小宇的胳膊，后来又抱着他的大腿，扯着嗓门一直叫。

直到橡皮艇停下来，浩浩还在惊叫着。小宇忍住笑，推了推他："喂，浩浩同学，我的大腿都快被你掐断了！"

浩浩这才缓过神来，有点儿不好意思的样子。不过，他说他太喜欢这次峡谷漂流了！

世界上有不少瀑布、洞穴和峡谷，它们宏伟壮观、风景迷人，吸引着众多的旅游爱好者。可你知道这些景观是怎么形成的吗？它们是江河在流动的过程中，不断地侵蚀流淌过的岩石而形成的哦。

 ## 什么是峡谷

峡谷是两侧陡峭、深度大于宽度的谷地。湍急的河流冲刷切割坚硬的岩石层，形成了峡谷。这要花费好几百万年的时间。美国的科罗拉多大峡谷是由科罗拉多河冲蚀而成的。

英语角 ABC

gorge [gɔ:dʒ] *n.* 峡谷
depth [depθ] *n.* 深度

▲ 美国科罗拉多大峡谷有 1600 米深。

洞穴是怎样形成的

水流无法渗透到大多数类型的岩石中，但石灰岩有许许多多的小孔，水流可以沿着小孔渗入。雨水是呈弱酸性的，当它流过小孔时，慢慢溶解石灰岩表层，长年累月地冲刷侵蚀，便形成了洞穴和隧道。河流沿着石灰岩缝隙流下，经过隧道，在很远的山脚下涌出地面，通常能流好几千米远。

▲ 钟乳石由逐渐从水溶液中析出的碳酸钙积聚而成，悬吊在溶洞顶部，形状像冰锥。石笋成分与钟乳石相同，是由洞顶滴下的水滴中所含的碳酸钙沉淀堆积而成，位于地面，与钟乳石上下相对，形状像尖尖的竹笋。

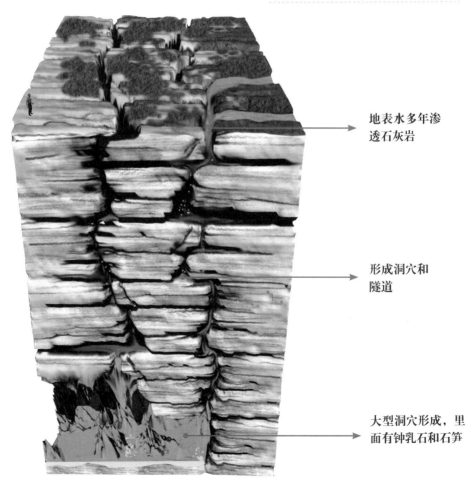

地表水多年渗透石灰岩

形成洞穴和隧道

大型洞穴形成，里面有钟乳石和石笋

瀑布的形成

当河水从硬岩层和软岩层的交界处流过时，软岩层很快被侵蚀，只留下突出的硬岩层。于是，河水从硬岩层上直接跌落，更加大了对软岩层的侵蚀力度，瀑布就这样形成了。

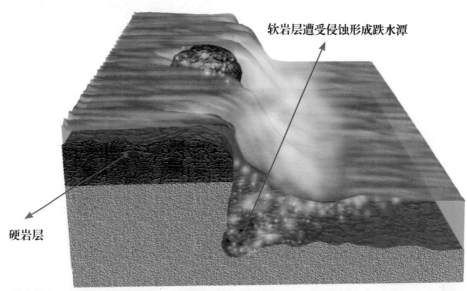

软岩层遭受侵蚀形成跌水潭

硬岩层

水流量真大啊！

▲ 位于加拿大和美国边界的尼亚加拉大瀑布，有 50 多米高。侵蚀作用使得瀑布每年都会向上游移动 1 米多。

高山瀑布

多数瀑布是河水流过突出的硬岩石层时形成的。当突出的硬岩层被跌落的水流冲击磨损，边缘坍塌，瀑布就会逐渐向上游移动。高山瀑布通常是在河流流经山脉的断层时，沿着断层的截面跌落而形成。

 ## 最高的瀑布

委内瑞拉的安赫尔瀑布是世界上落差最大的瀑布。丘伦河水从平顶岩石高原的陡壁直泻而下，落差达 979 米。

世界上最高的瀑布，有从天而降的感觉。

▲ 委内瑞拉的安赫尔瀑布

8

温泉和间歇泉

浩浩和小宇又来到了加拿大班夫镇的山脚下。

"咦？这大冬天的，怎么这里的水却热气腾腾的样子？"浩浩一边说着，一边把手放在水里。

"哇，好热的水呀！"浩浩又惊又喜地叫了起来。

"呵呵，这就是传说中的温泉哦！"

浩浩和小宇毫不迟疑地跳进水里，享受这温热的泉水。

浩浩看到不远处有很多老人家也在这儿泡温泉。

"这些老人家还蛮新潮的哦！"

"温泉可以治病呢，尤其是对风湿病很有效。据说一位患有风湿病的老人家在这儿泡了十来天，走的时候连拐杖都用不着了。"

"哇！这还是个治病的神水啊！"浩浩赞叹不已，"可它为什么是热的？还能治病呢？难道它也有魔法吗？"

小宇给他解释道："这里的水是从很深的地下流出来的，地下温度高，所以是热的；水里又含有丰富的矿物质，所以能治病。"

浩浩解除了疑问，舒舒服服地躺在水里享受着温泉带来的欢愉。

小朋友，你泡过温泉吗？你知道有一种河水是常年温热的吗？在有火山活动的地区，看到冒着热气的喷泉和热气腾腾的河水一点也不奇怪呢。

间歇泉是怎么来的

在火山活动的地区，炽热的熔岩能使周围地层的水温升高，直至沸腾化为水蒸气。水蒸气会带动岩石层中的地下水升腾，直至涌出地面。接着，水流在空气中遇冷降温回落到地下，这个过程又重新开始。因此，泉水每间隔一段时间喷发一次，形成了间歇泉。

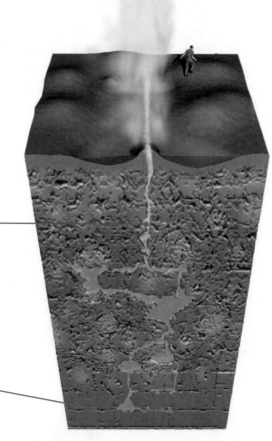

水蒸气

水渗入岩石

炽热的岩石

老忠实间歇泉

间歇泉多出现在火山活动比较频繁的地区，比如美国、新西兰和冰岛等。最有名的当属美国黄石国家公园的老忠实间歇泉。

▲ 老忠实间歇泉几乎每隔 90 分钟左右就喷射一次，热水喷射高度达 56 米。

▼ 水蒸气从美国怀俄明州火洞河的温泉喷涌而出，好像云雾一般。

英语角
America [ə'merikə] *n.* 美国
loyalty ['lɔɪəltɪ] *n.* 忠诚

温泉能造出奇特的岩石

当地下水以很高的温度咕嘟咕嘟地从地下涌出地面，就形成了温泉。温泉水中含有的矿物质能随着泉水的蒸发而形成奇特的岩石。

看，黄石公园里净是黄色的石头，真神奇啊！

▲ 在美国黄石国家公园温泉中自然形成的矿物质梯田

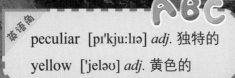

英语角

ABC

peculiar [pɪˈkjuːlɪə] *adj.* 独特的

yellow [ˈjeləʊ] *adj.* 黄色的

地热能是怎样生成的

　　很多冰岛的工业生产和家庭取暖都使用温泉水提供的热能，这种能源是地热能。从炙热的火山岩中喷射而出的泉水，变成蒸汽，进入汽轮机中便可以发电。

▲ 冰岛地热湖

9

江河湖泊里的动物

很快，浩浩和小宇又降落在了潘塔纳尔湿地。咦？湖边那黑压压、一排排的一大片是什么东西呢？

浩浩好奇心又上来了，赶紧跑近一看："哎呀，原来是鳄鱼！好多好多的鳄鱼！"

浩浩顿时拔腿就逃，大喊着："救命啊！有鳄鱼！"

小宇一把拉住他："浩浩同学，别怕，这种鳄鱼不会伤害人的。"

浩浩浑身发抖，对小宇的话将信将疑。

小宇悠然地拍了拍一只大鳄鱼的脑门："你好啊，鳄鱼老伯！"

那只大鳄鱼用浑厚的声音说："地球小宇，好久没看到你了，又去哪儿探险了啊？"

浩浩看他们像老朋友一样地聊着天，也放下悬着的心，走了过去。

鳄鱼对他笑了笑，说："小朋友，别怕，我们的样子很凶，但是性情温顺得像小绵羊呢！"

鳄鱼老伯的话终于打消了浩浩的疑虑，一会儿他就和鳄鱼们嬉戏打闹起来了。

你知道吗？江河湖泊里可不是个安静的地方，那里热闹着呢！有我们常见到的鱼儿、螃蟹、虾米等，也有一些罕见的稀奇古怪的动物，比如靠回声定位的淡水豚、会修坝的河狸……江河湖泊及河岸和湖畔，为各种各样的动物提供了家园。还有一些动物会来到江河和湖泊中饮水、猎食，生下动物宝宝。

水中的生命

生活在江河湖泊周围的动物早已习惯了它们的栖息地。鲶鱼生活在湖泊、江河的中下层中，它们身体上没有鳞，嘴巴周围长着几条长须，可用来辨别味道。水獭的趾间有着蹼（读"pǔ"，指动物脚趾中间的薄膜），还长着锋利的爪子和强壮有力的尾巴，这让它们游泳速度极快，能够追逐鱼群。

▲ 俄罗斯贝加尔湖的贝加尔海豹，是唯一一种生活在淡水中的海豹。

会用回声定位的淡水豚

淡水豚生活在浑浊的水中，在这里它们很难被发现。淡水豚的视力极差，有些几乎完全丧失视力，主要靠回声定位来探测环境和捕食。

爱吃鱼的鳄鱼

鳄鱼不是鱼，它是爬行动物。鳄鱼以鱼类为食，但有时也攻击某些到江河湖泊边饮水的大型动物。

▲ 水中的淡水豚

鳄鱼长得好凶残哦，谁见了都会害怕吧！

▶ 鳄鱼

水中狼族

亚马孙河中的鱼类有 2000 多种，食人鲳是其中的一个类群。食人鲳又名"水虎鱼"，个体虽小，但牙齿锐利，以凶猛闻名。食人鲳喜欢群居，号称"水中狼族"。

别看它们个头小，可凶残着呢！

▲ 成群的食人鲳

 爱倒腾的河狸

　　河狸的门齿非常锋利，可以慢慢咬断一根粗壮的木头。它们是天生的"水利工程师"，垒坝是它们独特的本领。它们经常在河中用木头围成一个小水池，然后用小树枝和泥巴给自己修建圆拱形的家园。

▲ 河狸

💧 返回江河

　　很多种鲑鱼（又叫三文鱼）都在淡水河流上游孵化出生，然后游到海洋生长，待上几年，最后雌鲑鱼又会回到自己出生的那条河里产卵，繁衍下一代。

▼鲑鱼能跳出水面，达4米多高。这个特点使得它们能够不畏艰险地跳过湍流和瀑布，游向上游。

▲鲑鱼洄游需要经过长途跋涉

▶ 秃鹰猎食鲑鱼和其他鱼种。

 墨西哥钝口螈

  长相怪异的墨西哥钝口螈只生活在墨西哥的泽尔高湖和霍奇米尔科湖中。它们是一种水栖的两栖类动物，又名美西螈，即使在性成熟后也不会经历适应陆地的变态，仍保持它们的水栖幼体型态。

▲ 墨西哥钝口螈

池塘中的生物

池塘的水很浅很平静，没有大风大浪，因此有许多生物在这里繁衍生息。例如青蛙、蚊子等，会来到池塘产卵。

池塘里的动物好像个头都比较小·哦！

▲ 蜻蜓

▶ 翠鸟

▲青蛙最初只是小蝌蚪，生活在池塘中。

10

依依不舍地告别了鳄鱼老伯后，浩浩和小宇飞啊飞，飞到了一个湖边。猛地，小宇跳到一朵莲花的叶子上。这叶子的直径足足有一米多长，非常平坦，还散发着淡淡的清香呢。

　　浩浩现在可不比往日，他也算是一名身经百战的勇士了。管他呢，小宇能去的地方他也能去。于是，浩浩也跟着跳进了大叶子。

　　他俩被莲花包围着，到处都是白色的，像天堂一样圣洁美好。

　　浩浩问："小宇，这是哪里啊？"

　　小宇懒洋洋地躺在叶子上，伸着懒腰说："这是世界上最大的睡莲，白天叶子展开，晚上就会卷起来。"

　　"在这里睡觉真是浪漫无比啊！"

　　浩浩悄悄地拨开睡莲的叶子，看到湖面漂着一片片绿色的东西。

　　他忍不住推醒小宇，"你看，那些是什么东西呀？"

　　小宇看了看，说："那些是藻类，江河、池塘、土地，甚至积雪里都有它们的同类哦。"

　　"哇，它们的生命力一定很顽强哦！"浩浩不禁崇拜起这些看似弱小的生物来。

小朋友，江河湖泊里不仅有动物，还有植物哦！不过，在湍急、汹涌的河流上游，植物是没有办法生存下来的。但在水流相对平缓的中游和下游，像灯芯草和芦苇等植物就能够在那里存活。这类植物也在池塘和湖泊边生长。

 ## 水中植物的类型

湖泊和水流平缓的江河中的植物可以分为三类：水缘植物、浮水植物和沉水植物。水缘植物通常沿着河岸和湖畔的浅水湾生长；浮水植物是叶片和花朵漂浮在水面的植物；沉水植物在水下生长。

▲ 蒲草生长在浅水湾里。

花中睡美人

大多数睡莲的花朵白天张开，夜晚闭合，所以被称为"花中睡美人"，亚马孙河中生长有一种巨型睡莲——亚马孙王莲。

不仅如此，睡莲还被人们赞誉为"水中女神"呢！

▲ 生长在亚马孙河的亚马孙王莲，叶子的直径达 1.5 米。

 微型植物

　　生活在江河、湖泊和池塘中的最简单的植物是微型藻类，比如淡水鼓藻。一些小动物，如昆虫的幼虫和蝌蚪，以鼓藻为食。也正是因为这些植物的存在，使得河水浑浊，呈现绿色。

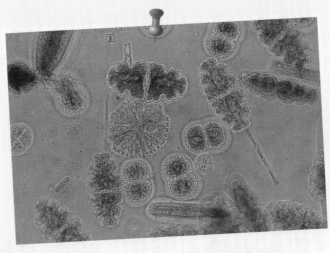

▲ 淡水鼓藻

▼ 尼罗河上的凤眼蓝（又名水葫芦）常常阻塞灌溉渠，但它们也有助于吸收水中的污染物。

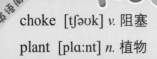

英语角

choke [tʃəʊk] v. 阻塞

plant [plɑːnt] n. 植物

湿地植物

只有小部分的植物能在河口和三角洲附近的咸水中生存，其中一个就是红树。它们生长在热带、亚热带地区。依靠粗大的拱形根，红树将自己牢牢地固定在淤泥里。

▲ 澳大利亚的红树林。它们的树根防止淤泥被洪水冲走。

11

在江河湖泊边生活

看过了植物，他俩又继续探险神秘的地球。

飞经印度时，浩浩看到了一条大河，便叫嚷着要下去看看。

小宇说："这是印度最有名的恒河，恒河文明传播到了全世界呢。"

小宇给他讲了很多关于恒河的故事。

浩浩说："我发现，江河湖泊周边有着肥沃的土地，人们都喜欢在那儿聚集，慢慢地就形成了今天的繁华都市。"

小宇不禁用赞许的眼光看着浩浩，说："浩浩，你真聪明，观察得对极了。河流两岸通常都是繁华的地方。"

浩浩又看到下面有很多人在河里洗澡，好一派热闹的景象。

小宇说："恒河被印度教徒奉为'圣河'，他们认为用河里的水洗澡可以洗去身上的罪，教徒都会往恒河朝圣。"

原来如此，人们虔诚地把河供奉为神了。

　　小朋友，江河湖泊不仅是动植物的家园，还给人们的生产和生活提供了极大的便利呢。江河湖泊为周边的人们提供了饮用水源，人们还可直接在河边洗衣服。河里的鱼、虾、蟹等是人们餐桌上的美味佳肴。除此之外，江河湖泊的水道还为人们提供了水路运输的可能。世界上几乎所有重要的城市都是沿着大河的河岸或在河口处兴建的。

水上生活是怎样的

　　江河、湖泊和其他湿地影响着周边人们的生活方式。例如，东非大裂谷的图尔卡纳湖牧民以捕鱼为生，伊拉克湿地上的阿拉伯人用芦苇做建筑材料。

▼ 人们在湄公河堤捕鱼。

用芦苇造船的艾马拉人

的的喀喀湖位于秘鲁和玻利维亚交界处的安第斯山脉高处。生活在湖畔的艾马拉人在湖上捕鱼，他们使用湖畔的芦苇造船。

▲ 的的喀喀湖上的芦苇船

▲ 伊拉克湿地的阿拉伯人使用浅水滩上生长的芦苇搭建房屋。

▲ 马拉维湖边晾晒的鱼干。渔业是马拉维湖的重要产业之一。

 一条神圣的河

　　恒河对印度教徒来说是神圣的，他们相信恒河水能洗掉罪恶。每年都有数百万的印度教徒沿着恒河岸边，向瓦拉纳西等宗教圣地朝圣。很多印度人自愿在去世以后将其火化后的骨灰撒在恒河里。

▼ 节假日期间,印度朝圣者在恒河岸边浸浴。

12

江河湖泊的重要用处

"看了这么多河流湖泊，我真心觉得水真是太重要了，它可以灌溉农田，又能方便运输，我们人类离不开它啊。"浩浩很感慨。

　　小宇点点头："当然，水是生命之源，没有水就没有万事万物，更不会有人类。"

　　浩浩开心地说："幸好地球上有取之不尽的水！"

　　"什么资源都不可能是取之不尽的！你一定不知道，全球有 11 亿人缺乏安全饮水呢。"小宇说。

　　"啊！11 亿！"这个数字可把浩浩给吓到了。

　　"小宇，你肯定有办法的，我们要怎样解决这个问题呀？"浩浩焦急地看着他。

　　"这需要大家齐心协力，节约用水，爱护水资源。"小宇一字一顿地说。

　　"嗯嗯，那就从我做起吧，我要告诉我身边的每一个人都要节约用水，看到污染河流的事情要及时阻止。"浩浩满腔热血地说。

　　"嗯，好样的！如果每个人都像你这样，那一定可以很好地解决这个大问题。"

小朋友，你有没有想过江河湖泊给我们提供了哪些资源呢？它们对我们的生活又有哪些好处呢？想一想，我们在水里捕鱼，在河边洗衣服，用河里的水灌溉庄稼，甚至冲浪、划船等等，都离不开江河湖泊。它们的作用大着呢！

 ## 提供水源

一般来说，一个家庭每天要用几十升的水来洗衣服、冲马桶等。江河为我们的生产生活提供了丰沛的水源。人类通常会修建一些人工水库来储存水。

▲ 美国亚利桑那州修建的格伦峡谷水坝，形成了巨大的人工湖——鲍威尔湖。水库中的水被用来满足生活需求和工业需要，以及水利发电。

河流运输

像谷物和煤炭这样大而重的货物通常需要水路运输，因为水路运输货物既便捷又便宜。比如，欧洲的莱茵河和北美洲的圣劳伦斯河，是将海洋和内陆港口城市连接起来的航道。除了天然航道，一些人工建造物，如堤坝、水闸和运河等也能形成水平的、可供航行的河段，并且将湖泊和江河连接起来。水闸可以帮助船只在两个不同水平面的河流或运河中通行。具体步骤是：1. 船开进闸；2. 闸门关闭，上游蓄水闸门打开，水平面上升；3. 闸门打开，船可以在高水面运行。

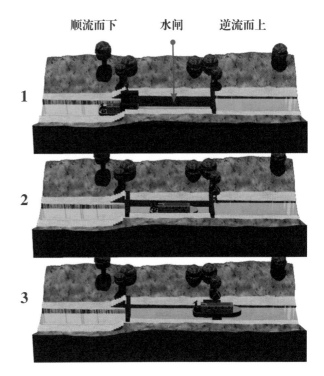

顺流而下　　　水闸　　　逆流而上

▲ 圣劳伦斯河航道上的水闸

湖泊中有哪些矿物

咸水湖中含有很多可溶解的矿物质，比如氯化钠（食用盐）和碳酸钠（苏打、纯碱）。非洲东非大裂谷的湖泊因为含有丰富的苏打，所以以"碱湖"而著称。湖水水分被蒸发后，苏打就被结晶分离出来。它主要用于制造玻璃、陶瓷、纸张和肥皂等。

▼ 肯尼亚马加迪湖畔结晶后的苏打

江河的污染

当城市下水道的水、垃圾、有毒化学品和工厂废弃物等被排放到河水中后，这些污染物会伤害甚至杀死生活在河水和海里的动植物。河水变得肮脏，也不再适合下游居民们使用。

▲ 美国的河流被工业废水污染

▼ 需水量大的工厂比如造纸厂，常常建在河水附近。

语语角

ABC

pollution [pə'lu:ʃ(ə)n] n. 污染

factory ['fækt(ə)rɪ] n. 工厂

令人叹为观止
的江河真相

 ### 最长的河流

尼罗河是世界最长的河流，发源于东非高原上的布隆迪高地，经维多利亚湖由南向北流入地中海，全长 6600 多千米。

 ### 最大的河流

根据河流的水量计算，亚马孙河是世界最大的河流，年平均每秒有 22 万立方米的水量流过河口。

 ### 最高的瀑布

委内瑞拉的安赫尔瀑布是世界上最高的瀑布。瀑布落下 979 米，其中 807 米是不间断地流下。美国探险家詹姆斯·安赫尔曾对瀑布进行考察，他死后，其骨灰被撒在此瀑布中，人们为纪念他，把瀑布命名为安赫尔瀑布。

 ## 最大的三角洲

　　世界最大的三角洲是位于孟加拉国和印度西孟加拉邦间的恒河三角洲。它的面积为 10.5 万平方千米。

 ## 最大的湖泊

　　里海是世界最大的湖泊。其南北长 1200 多千米，面积有 37.1 万平方千米，与英国和冰岛的面积总和相当。

 ## 最深的湖泊

　　俄罗斯的贝加尔湖是世界最深的湖泊，在最深处，河床距离湖面有 1620 米。据估计，贝加尔湖含有世界将近 1/5 的淡水。

词汇表

冰斗

山岳冰川源头由雪蚀和冰川挖掘共同营造的围椅状盆地。典型的冰斗，由岩盘、岩壁和岩槛组成。

地热能

即地球内部蕴藏的能量，是驱动地球内部一切热过程的动力源，其热能以传导形式向外输送。

灌溉

人工补充土壤水分以改善作物生长条件的技术措施。

沉积物

当河流流经冲积平原或缓慢流入海洋时，沉积在河流底部的沙子、淤泥和黏土等固体物质。

回声定位

某些动物能通过口腔或鼻腔把从喉部产生的超声波发射出去，利用折回的声音来定向，这种空间定向的方法称为回声定位。

侵蚀

地表物质在外营力（水、风）作用下从地面分离的过程。

曲流

河流中蜿蜒曲折的河段，弯曲系数至少大于1.5。

湿地

陆地上有长期或季节性薄层积水或间隙性积水、生长有沼生或湿生植物的土壤过湿地段。

是陆地、流水、静水、河口和海洋系统中各种沼生、湿生区域的总称。

幼虫

全变态昆虫的卵孵化后的幼期虫态，是形态发育的早期阶段，与成虫形状截然不同。

支流

直接或间接流入干流的河流。

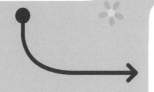

为什么必须选择
"童眼看"？

Step1：精选全世界最好的童书

Step2：用专业和挑剔的眼光，甄选出中国孩子最需要的图书

Step3：以最佳质量、最优性价比呈现作品

1 提高孩子综合素质的最佳选择

☆ 开发孩子宝贵的天赐潜能
保护孩子与生俱来的想象力、批判思维、创意能力……

☆ 学习就是游戏
用快乐的方式，激发孩子自主学习能力，提高孩子分析和解决问题的能力。

☆ 知识与能力同步增长
构建均衡全面的知识框架，并将学校教学目标无形融入，让孩子在不知不觉中提高学习成绩。

☆ 品格养成潜移默化
让孩子感知真、善、美，为孩子的精神世界提供正能量！

2　优质阅读的最佳选择

- 精选全世界最好的童书，远离低俗读物。
- 开阔的知识结构，培养世界公民。
- 精心编排设计，帮助孩子养成动脑习惯。
- 重视每个细节：插画清新、版式活泼，让孩子从小建立不凡的审美能力。
- 由专业、严谨的专家团队遴选、审校，优质阅读从此开始。

3　培养阅读习惯的最佳选择

- 国际流行的环保双胶纸，反光度低，保护孩子的视力。
- 绿色环保油墨全彩印刷，避免孩子接触有害物质。
- 贴心开本方便携带，放在书包里，便于孩子养成阅读习惯。
- 定价适中，让父母的每一分钱都物超所值

"童眼看"倡议：从三岁起，

"日读一卷，三年过千！"

从小养成的阅读习惯，将让孩子受益终身。
这个可贵的习惯，将决定你的孩子在20年后是什么样子。

RIVERS & LAKES by CHRIS OXLADE

Copyright©2006 BY DAVID WEST CHILDREN'S BOOKS

This edition arranged with David West Children's Books

through Big Apple Agency, Inc., Labuan, Malaysia.

Simplified Chinese edition copyright©2014 SHANGHAI INTERZONE BOOKS CO., LTD.

All rights reserved.

图书在版编目（CIP）数据

　　小宇带你穿越百变江河 /（英）奥克雷德著；朱润萍，吕志新译 .
— 太原：北岳文艺出版社，2014.2
　　（地球的秘密档案）
　　书名原文：Rivers & Lakes
　　ISBN 978-7-5378-4052-1

　　Ⅰ . ①小… Ⅱ . ①奥… ②朱… ③吕… Ⅲ . ①河流 – 世界 – 青年读物②河流 – 世界 – 少年读物 Ⅳ . ① P941.7–49

中国版本图书馆 CIP 数据核字（2013）第 318181 号

版权贸易合同登记号
图字：04–2013–039

小宇带你穿越百变江河

著　者	[英] 克里斯·奥克雷德	**译　者**	朱润萍　吕志新		
策　划	英特颂·阎小青	**责任编辑**	刘文飞	**助理编辑**	刘思华
特约编辑	邹玉颖　王翠波	**封面设计**	李姗娜		

出版发行　山西出版传媒集团·北岳文艺出版社

地　址　山西省太原市并州南路 57 号　邮编：030012

电　话　0351–5628691（编辑部）　0351–5628688（总编办）
　　　　　010–57427288（北京中心发行部）　021–56551515（网络发行）

传　真　0351–5628680　010–84364428

网　址　http://www.bywy.com

E – mail　bywycbs@163.com

承印者　上海市北印刷（集团）有限公司

开　本　720mm×1000mm　1/16

字　数　100 千字

印　张　6

版　次　2014 年 2 月　第 1 版

印　次　2014 年 2 月　第 1 次印刷

书　号　ISBN 978-7-5378-4052-1

定　价　22.00 元

本书如有印装质量问题　由承印厂负责调换